设计师专项进阶书系

室内设计通透精解系列

材料收口

王海青 段文畅

主编

中国建筑工业出版社

CHINA ARCHITECTURE & BUILDING PRESS

图书在版编目 (CIP) 数据

材料收口 / 王海青，段文畅主编 . —北京：中国建筑工业
出版社，2018.6（2023.3 重印）
（设计师专项进阶书系·室内设计通透精解系列）
ISBN 978-7-112-22191-2

Ⅰ.①材…　Ⅱ.①王…　②段…　Ⅲ.①室内装饰—建筑材
料—装饰材料　Ⅳ.① TU56

中国版本图书馆 CIP 数据核字 (2018) 第 096694 号

责任编辑：胡　毅
责任校对：张　颖
装帧设计：房惠平
装帧制作：嵇海丰

设计师专项进阶书系·室内设计通透精解系列
材料收口
王海青　段文畅　主编
　　　　＊
中国建筑工业出版社出版、发行（北京海淀三里河路9号）
各地新华书店、建筑书店经销
北京富诚彩色印刷有限公司印刷
　　　　＊
开本：889×1194毫米　1/16　印张：8½　字数：265千字
2018 年 6 月第一版　2023 年 3 月第八次印刷
定价：99.00 元
ISBN 978-7-112-22191-2
　　　（32080）

内容提要

· 装饰施工图体系庞大，内容繁杂且高深，涉及的知识点多，并且关联性强。本书主题为室内细部设计中的"材料收口"，这是每个合格设计师必须掌握的知识。书中每个实例分别由三维剖视图、现场照片、施工图和文字解析组成，追求以极简的方式表达内容，便于读者理解。书中每个案例都具有代表性，学会一种收口方法，那么这一类型的知识点就能基本掌握；在表达知识方面，以透剖形式体现材料属性和施工工艺，即使没有去过现场的读者，也会很容易理解；所配实景照片，能够直观展现竣工后的效果；所配CAD施工图，有助于帮助读者了解材料尺寸与施工要求，同时学会图纸排版、线型设置等知识点；而全面的文字解析，则帮助设计师在逻辑上清晰了解制图思路，进一步加强对材料收口知识的掌握，起到系统学习知识点的作用。

· 本书作为室内设计师常用工具书，是作者团队在十余年深化设计经验积累、总结基础上编撰而成，系统介绍了室内装饰工程中常见材料收口的造型、材料、节点做法，便于设计师快速积累行业经验，大幅提升制图水平，提高学习和工作的效率。

· 本书适合室内设计师，大专院校室内设计及环境艺术专业师生，建筑装饰施工企业管理及技术人员参考阅读。

作者简介

王海青

·黑石深化机构创始人，深化设计师、深化讲师、自媒体人。从事深化设计 15 年，有着丰富的大型项目管理经验，服务中外各大设计公司，项目遍布全国及海外。绘制项目类型多样且繁杂，图纸表达深度符合国际主流，主张用宏观的角度来看待这个行业，提出"我来控制图纸，图纸控制项目"的理念。多年来致力于培养更多的室内深化设计人才，在深化设计行业领域具有一定影响力。

前　言

· 选择设计这一职业，就注定要不断提高自己。学习是一种习惯，是生活的一部分。

· 近年来室内设计行业发展迅速，新设计、新材料、新工艺层出不穷，室内设计行业的设计、制图、工艺等规范无法跟上行业发展变化的节奏。各个专业协会或国家部委所颁布的规范中往往缺乏与时俱进、整理清晰的标准型依据，另外由于室内装饰工程的施工工艺也受到现场情况、造价、地域差异、施工习惯等的影响，并没有统一标准。

· 本人从事深化设计十余载，对于装饰施工图，有些自己的理解和思考，在与同行的交流中，就产生了写作室内深化设计书籍的想法，这对于我自己也是一种总结。本书内容为材料收口，是每个合格的设计师必须掌握的知识，全书从选材到制作完成将近一年时间，每个知识点分别通过三维剖视图、施工图、现场照片和文字解析方式，追求以极简的形式表达内容，便于读者理解。希望本书能给大家或多或少一些参考价值。由于作者水平有限，书中难免有些考虑不周，欢迎大家指正。看后有什么心得欢迎和主编交流（新浪微博：王海青 - 黑石）。

王海青

佑泰建筑设计（上海）有限公司

2018 年 2 月

目　录

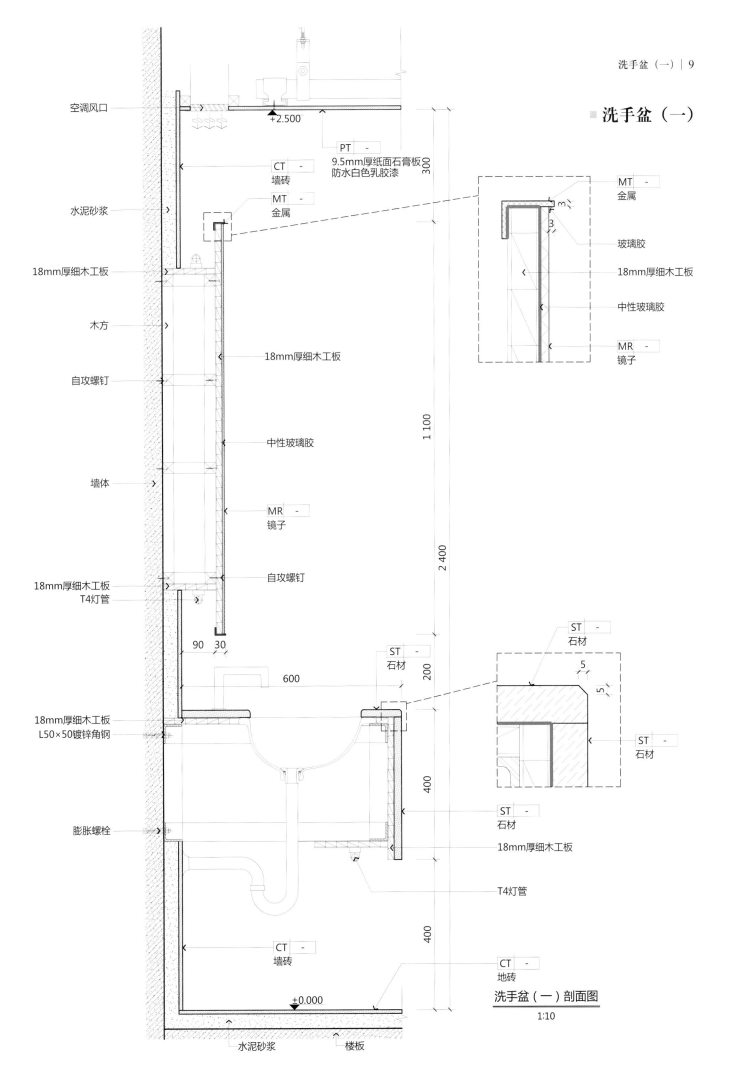

空调风口

水泥砂浆

18mm厚细木工板

木方

自攻螺钉

墙体

18mm厚细木工板
T4灯管

膨胀螺栓

+2.500

| PT | - |

9.5mm厚纸面石膏板
防水白色乳胶漆

| CT | - |
墙砖

| MT | - |
金属

| MT | - |
金属

玻璃胶

18mm厚细木工板

中性玻璃胶

| MR | - |
镜子

300

3

3

18mm厚细木工板

中性玻璃胶

| MR | - |
镜子

自攻螺钉

90 30

600

1 100

2 400

| ST | - |
石材

200

| ST | - |
石材

5

5

| ST | - |
石材

| ST | - |
石材

18mm厚细木工板
L50×50镀锌角钢

400

18mm厚细木工板

T4灯管

400

| CT | - |
墙砖

±0.000

水泥砂浆   楼板

| CT | - |
地砖

洗手盆（一）

洗手盆（一）剖面图
1:10

洗手盆结构剖视图

镜面收口与灯槽结构做法

解析 对于设计师来说，洗手盆设计是最常见的，几乎每个项目都有，需要了解的是结构做法与常规尺寸。其结构做法分为两种：镜面采用木结构，手盆采用钢结构，再用50镀锌角钢与膨胀螺栓固定即可。注意石材与钢架之间要加木基层板，因为两种硬的材质不能紧贴在一起，否则石材容易碎裂。具体做法参见CAD剖面图，此三维剖面图表达了不同材料之间的衔接及工艺做法。

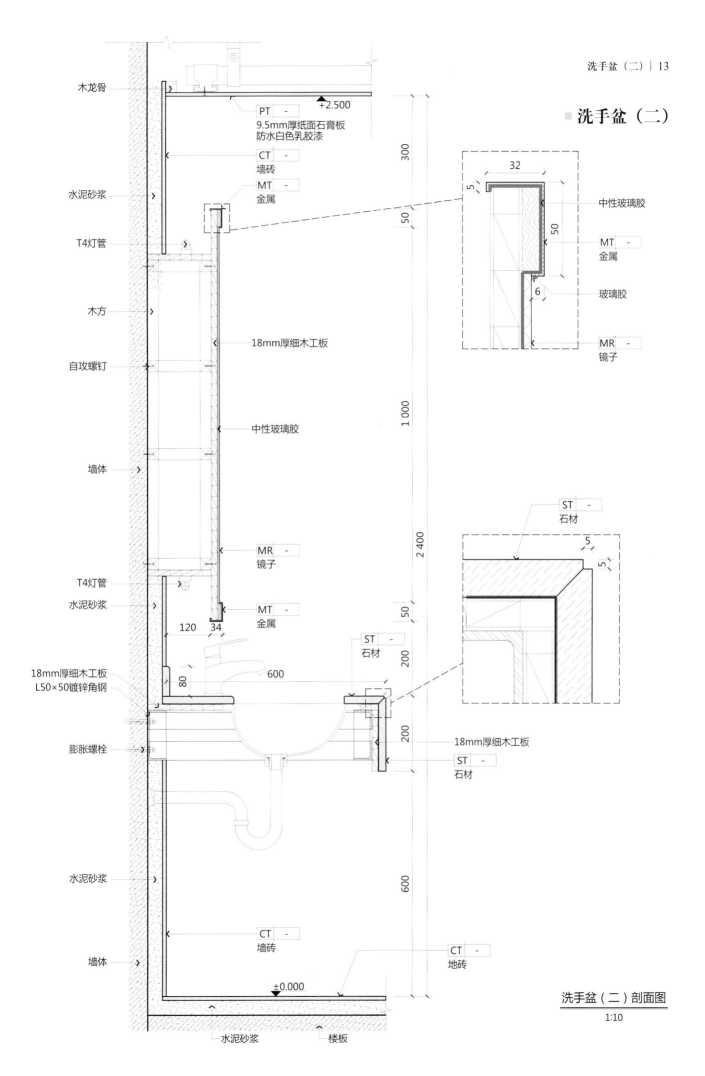

木龙骨

PT -
9.5mm厚纸面石膏板
防水白色乳胶漆

水泥砂浆

CT -
墙砖

MT -
金属

+2.500

300

50

T4灯管

中性玻璃胶

MT -
金属

玻璃胶

MR -
镜子

32

5

50

6

木方

18mm厚细木工板

自攻螺钉

中性玻璃胶

1 000

墙体

MR -
镜子

MT -
金属

ST -
石材

5

5

2 400

T4灯管

水泥砂浆

120 34

80

600

ST -
石材

200

50

200

18mm厚细木工板
L50×50镀锌角钢

18mm厚细木工板

膨胀螺栓

ST -
石材

水泥砂浆

600

CT -
墙砖

墙体

CT -
地砖

±0.000

水泥砂浆   楼板

洗手盆（二）

洗手盆（二）剖面图
1:10

洗手盆钢架结构剖视图

石材木基层剖视图

石材阳角收口方式

不锈钢压边处理剖视图

洗手盆剖视图

镜箱实景照片

镜箱剖视图

解析 画洗手盆剖面图，最难确定的是尺寸。手盆高度定 800mm 较为合理，但也有个别定 750mm 和 850mm 的。台面宽度常规定为 600mm，注意这也是最大尺寸，有的时候空间满足不了会做个切角，或是调成 550mm。台下盆的台面宽度最小可以做到 500mm，再小就不合理了。镜背面灯槽尺寸预留 100mm 较为合理，原则是工人师傅手可以伸进去安装、更换灯管，尺寸范围控制在 80~150mm 之间都是正确的。

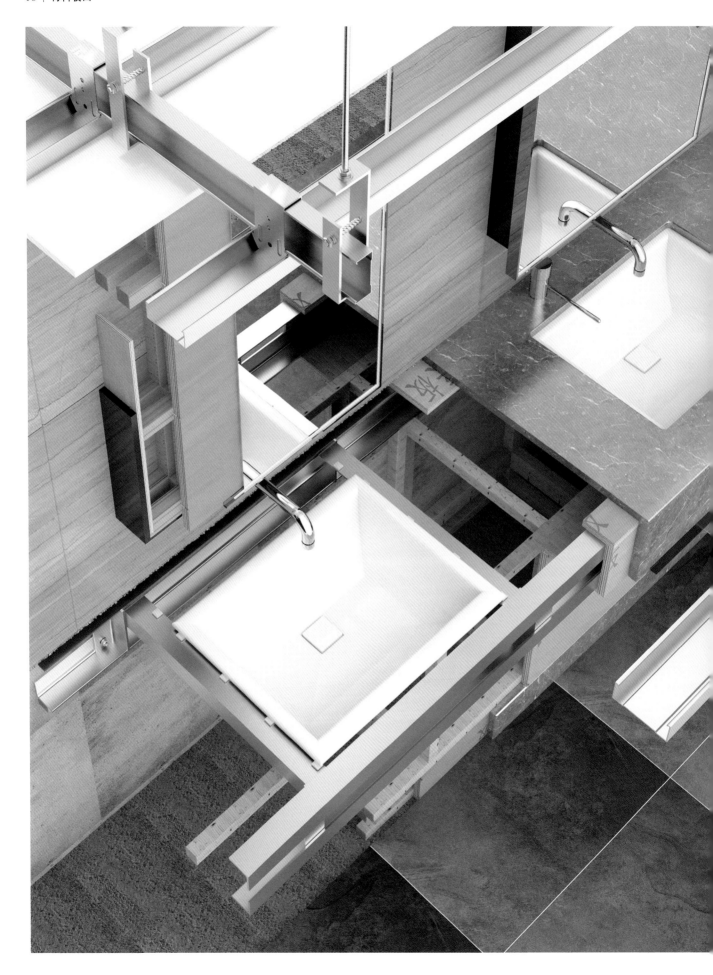

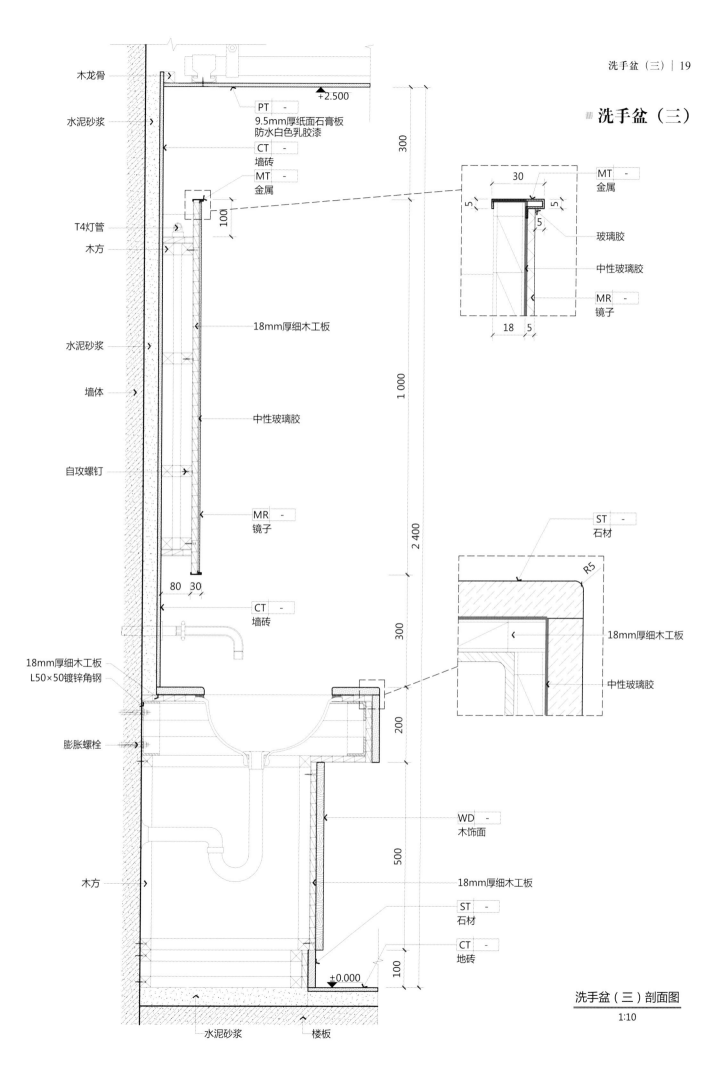

木龙骨

水泥砂浆

▦ **洗手盆（三）**

| PT | - |

9.5mm厚纸面石膏板
防水白色乳胶漆

| CT | - |
墙砖

| MT | - |
金属

| MT | - |
金属

玻璃胶

中性玻璃胶

| MR | - |
镜子

T4灯管

木方

30

5   5

5

18   5

100

300

水泥砂浆

墙体

18mm厚细木工板

1 000

中性玻璃胶

自攻螺钉

| ST | - |
石材

R5

2 400

| MR | - |
镜子

18mm厚细木工板

中性玻璃胶

80   30

| CT | - |
墙砖

300

200

18mm厚细木工板
L50×50镀锌角钢

| WD | - |
木饰面

膨胀螺栓

500

18mm厚细木工板

| ST | - |
石材

木方

| CT | - |
地砖

±0.000

100

水泥砂浆   楼板

洗手盆剖视图

镜箱实景照片

镜箱剖视图

解析 此结构重要知识点，就是镜箱背面需要贴砖，原因是木结构尺寸较小，为保证效果，整面墙须满贴瓷砖。如果镜箱面积较大，就不建议贴砖了，否则造价会高。木结构的固定方式：首先要保证墙砖不能出现空鼓；在墙砖上用电镐打洞，加木楔；然后用自攻螺钉固定木龙骨；注意贴砖前要预留好电源。三维剖视图已经用超写实表现手法将结构体现出来，其工艺读者应基本能看懂。

关于镜箱突出墙面的尺寸，CAD 图中是 80mm，这个尺寸可以做 50mm，100mm,120mm，在能满足施工要求的前提下都是正确的。

洗手盆（四）

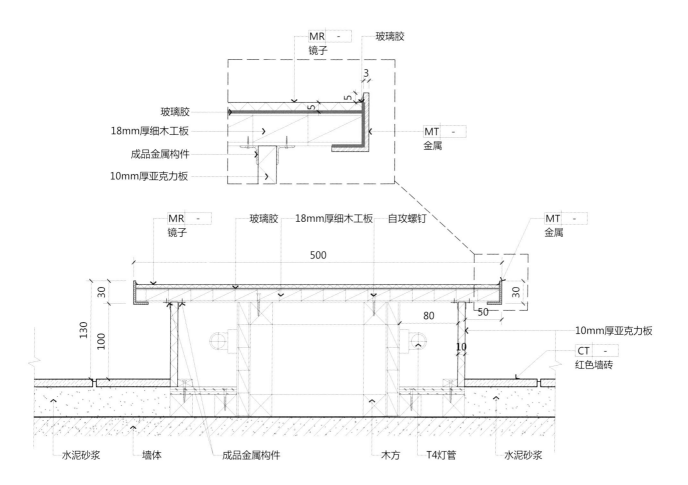

玻璃胶
18mm厚细木工板
成品金属构件
10mm厚亚克力板

MR -　镜子　玻璃胶
3
5
5
5
MT -　金属

MR -　镜子　玻璃胶　18mm厚细木工板　自攻螺钉　MT -　金属

500
30
30
50
80
130
100
10

10mm厚亚克力板
CT -　红色墙砖

水泥砂浆　墙体　成品金属构件　木方　T4灯管　水泥砂浆

镜箱剖面图

1:5

解析 镜箱后面暗藏灯带的做法很多，图中做法难点在于透明亚克力板的固定。CAD剖面图中表达出了工艺做法，设计师在考虑此结构时，首先应想到的是要保证灯光均匀地打出来，同时亚克力板可以方便地拆卸，以便更换灯管。图中亚克力板的宽度留了100mm，其实做80~150mm都可以，没有明确的规定。亚克力板用角码固定，这是一种常见的安装方式。亚克力板厚度8mm、10mm都可以。绘图时，线条确定顺序是先定最外边的完成线，然后向里边反画结构。

亚克力木基层结构

实景照片

局部剖视图

木龙骨

水泥砂浆

5mm厚亚克力板

9mm厚胶合板

18mm厚细木工板

木方

自攻螺钉

墙体

18mm厚细木工板
T4灯管

9mm厚胶合板

水泥砂浆

L50×50镀锌角钢

膨胀螺栓

PT -
9.5mm厚纸面石膏板
防水白色乳胶漆

CT -
马赛克

MT -
金属

T4灯管

18mm厚细木工板

中性玻璃胶

MR -
镜子

5mm厚亚克力板

ST -
马赛克

ST -
石材

洗手盆（五）

MT -
金属

玻璃胶

中性玻璃胶

MR -
镜子

18mm厚细木工板
L50×50镀锌角钢

ST -
石材

ST -
石材

WD -
木饰面

WD -
木饰面

ST -
石材

MT -
金属踢脚线

CT -
地砖

洗手盆（五）剖面图

1:10

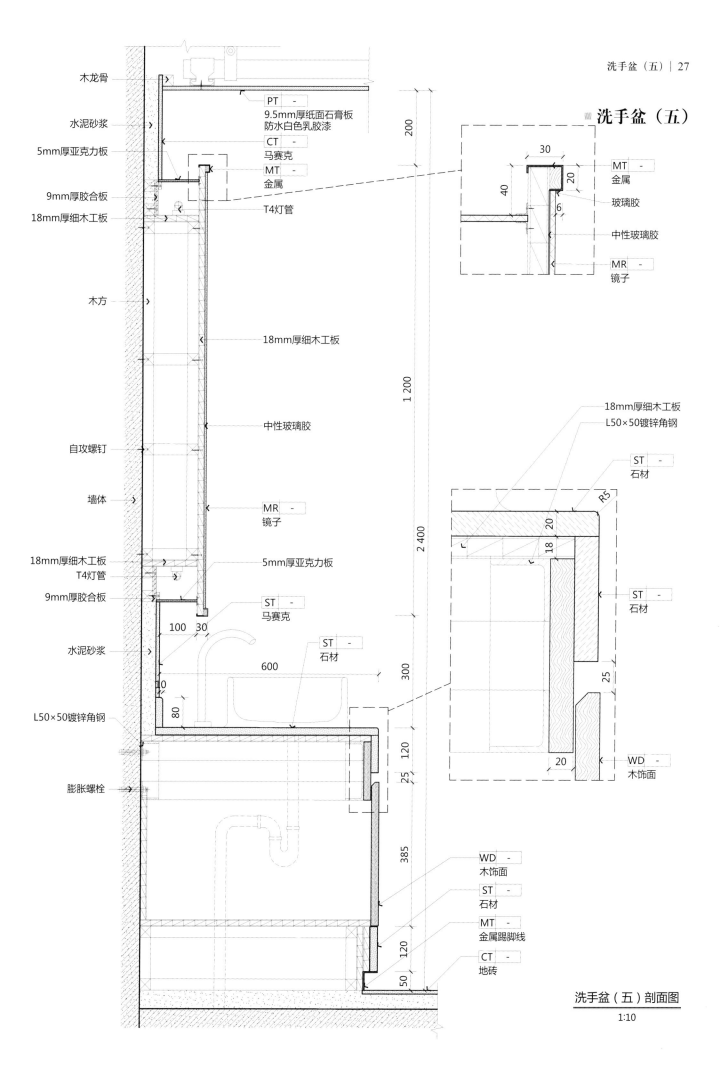

墙面及镜箱剖视图

镜箱实景照片

镜箱剖视图

解析 从三维剖视图可以看出，10mm 厚亚克力板是由两个 L 形角码两边卡住，然后用自攻螺钉固定。更换灯管时可以直接拆卸 L 形角码。读者通过了解之前的洗手盆剖面图，其结构基本已能掌握。我们可以发现：几乎所有洗手盆做法，都需要打钢架；洗手盆所有石材阳角都要做倒角处理，5mm×5mm 直角边或者倒圆边。画图前，要清晰了解结构与材料尺寸。如果不是很了解结构和材料属性，则可以从临摹开始。

镜箱剖视图

解析 石材干挂结构是图中重点。不同高度的石材干挂，钢结构的做法是不一样的，图中是普遍使用的石材干挂方法，适用于3 000mm以下高度。角钢直接用膨胀螺栓固定在墙上，角钢与石材用镀锌干挂件连接。角钢的横向间距是由石材规格来决定的。洗手盆镜子采用的是木结构，木龙骨与墙面固定，木基层板与木龙骨用自攻螺钉连接，镜子直接粘到细木工板上。为满足防火要求，所有木基层都要刷防火涂料。

▓ 镜子与石材墙面收口（一）

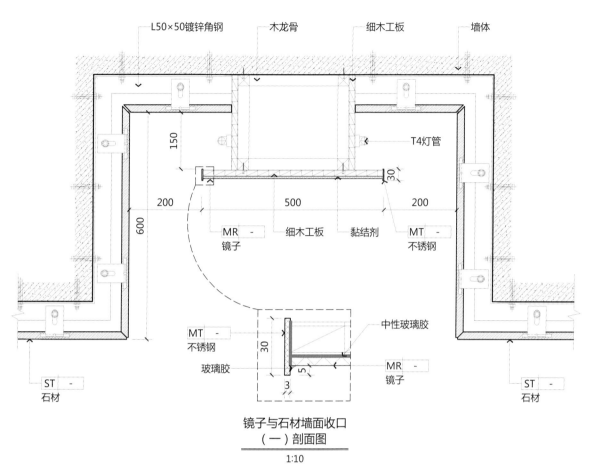

L50×50镀锌角钢　　木龙骨　　细木工板　　墙体

150

T4灯管

200　　　500　　　200

600

30

MR　-　　细木工板　　黏结剂　　MT　-
镜子　　　　　　　　　　　　不锈钢

MT　-
不锈钢

30

玻璃胶

5

3

中性玻璃胶

MR　-
镜子

ST　-
石材

ST　-
石材

镜子与石材墙面收口
（一）剖面图

1:10

镜箱实景照片

镜箱剖视图

钢架墙剖视图（一）

钢架墙剖视图（二）

钢架墙实景照片

镜子与石材墙面收口（二）

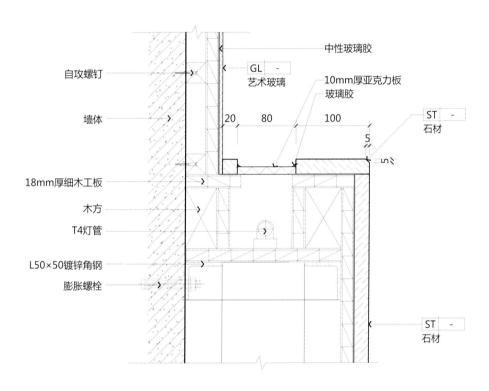

自攻螺钉

墙体

18mm厚细木工板

木方

T4灯管

L50×50镀锌角钢

膨胀螺栓

中性玻璃胶

GL -
艺术玻璃

10mm厚亚克力板
玻璃胶

20　80　100

ST -
石材

5

5

ST -
石材

镜子与石材墙面收口
（二）剖面图

1:5

解析 卫生间小便斗上有灯带的设计方案较为多见，一方面是为了美观，另一方面也比较实用。小便斗需要固定牢固，采用钢结构比较合理。灯带处的做法，是用木基层板做盒子，T4灯管落下去，上封亚克力板。有个细节，亚克力板四周要打胶，如果灯管损坏，用美工刀把胶切开替换灯管即可。墙面采用烤漆玻璃，玻璃固定工艺采用木基层，用结构胶粘贴，同时要注意玻璃规格。

阻燃采板 黑石深化

镜面安装结构剖视图

解析 石材墙面中间镶嵌镜面的做法有两种，一种是做木工板基层，镜面直接粘贴；另一种是用镜面不锈钢来做。细节是石材要做直角边倒角。

镜子与石材墙面收口（三）

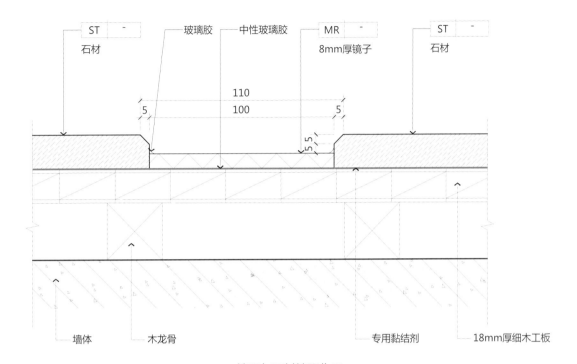

| ST - | 玻璃胶 | 中性玻璃胶 | MR - | ST - |
| 石材 | | | 8mm厚镜子 | 石材 |

110
100
5
5
5 5

墙体　　木龙骨　　　　　　　　　　专用黏结剂　　18mm厚细木工板

镜子与石材墙面收口
（三）剖面图
1:2

石材倒角实景照片　　　　　　　　　　　　石材倒角剖视图

试衣镜剖视图（一）

试衣镜剖视图（二）

试衣镜实景照片

镜子与瓷砖墙面收口（一）

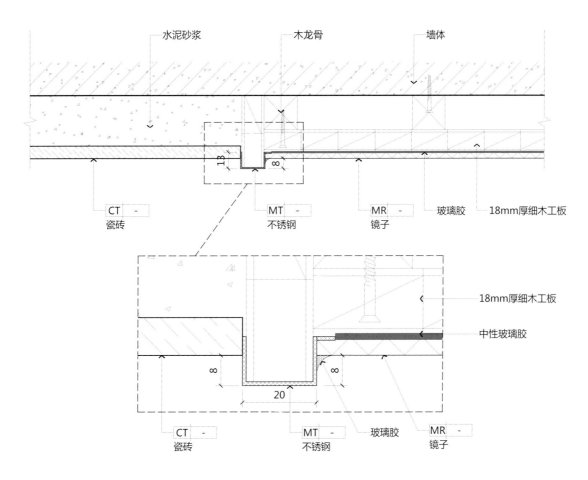

镜子与瓷砖墙面收口
（一）剖面图

1:5

解析 照片中，墙砖与镜面处于同一个平面，平面收口不好做，需要其他材质过渡下，不锈钢就是很好的材料，其宽度尺寸可以设置为10~30mm。几乎所有的镜面固定都需要木基层，施工程序是先做好木基层，然后贴砖，之后安装镜子，最后是安装不锈钢条，打胶完工。

镜子剖视图

解析 此镜面结构与其他做法不同，墙面砖是满贴的，原因是整个镜面宽度不是很大。墙砖贴好后，用工具在砖上打洞，放入木楔，木龙骨直接固定在木楔上。施工要求墙砖不能有空鼓现象，否则砖易破碎。镜面四周用不锈钢边收口，不锈钢与木基层之间用胶粘，四周连成框架，牢固性没问题。不锈钢边与镜面不能做在同一平面上，否则不好收口。不锈钢边要凸出来一些，最后阴角处打胶。此做法适合小面积镜子安装，如果镜箱面积较大，后面就不用贴砖了。墙面安装吊柜，也可以用此施工方法。

镜子与瓷砖墙面收口（二）

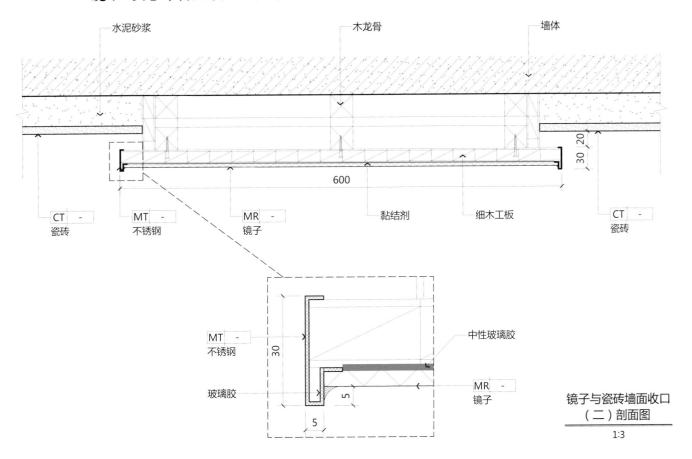

水泥砂浆　　木龙骨　　墙体

30　20

600

CT　-　瓷砖　　MT　-　不锈钢　　MR　-　镜子　　黏结剂　　细木工板　　CT　-　瓷砖

MT　-　不锈钢　　中性玻璃胶

玻璃胶　　MR　-　镜子

30

5

5

镜子与瓷砖墙面收口
（二）剖面图
1:3

镜子实景照片

镜子剖视图

镜子与瓷砖墙面收口（三）

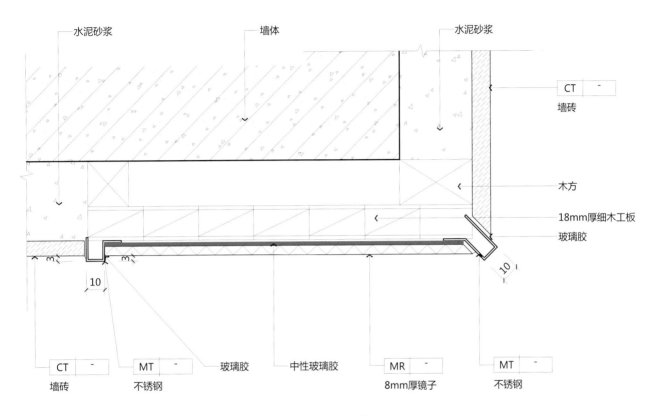

水泥砂浆　　墙体　　水泥砂浆

CT ｜ - ｜
墙砖

木方

18mm厚细木工板

玻璃胶

CT ｜ - ｜	MT ｜ - ｜	玻璃胶	中性玻璃胶	MR ｜ - ｜	MT ｜ - ｜
墙砖	不锈钢			8mm厚镜子	不锈钢

镜子与瓷砖墙面收口
（三）剖面图

1:2

解析 室内细部深化设计需要有一定的知识储备，要了解材料属性、施工工艺。如果材料的厚度不清楚，基层不知道用什么材料，剖面图就没办法画了。如图所示镜面做法，在画剖面图前，设计师要清楚地知道镜面厚度、基层板厚度、不锈钢尺寸和完成面与原柱子间的距离。这些数据有了，才能画出正确的图纸。

木基层结构剖视图

木基层结构示意图

实景照片

试衣镜收口剖视图

试衣镜收口实景照片

解析 图中为试衣镜，整根柱子的一面全做成镜子，高度为2 200mm。施工程序是先做柱子四周木基层，然后固定不锈钢收边，用胶粘，不锈钢收边形成的框架比较牢固；最后工序是安装镜子。不锈钢围边尺寸不能小于5mm，设计的时候应尽可能大一点。剖面图中选定的尺寸为10mm、20mm，这两个尺寸全是变量，可以依据风格而定。

▧ 试衣镜收口（一）

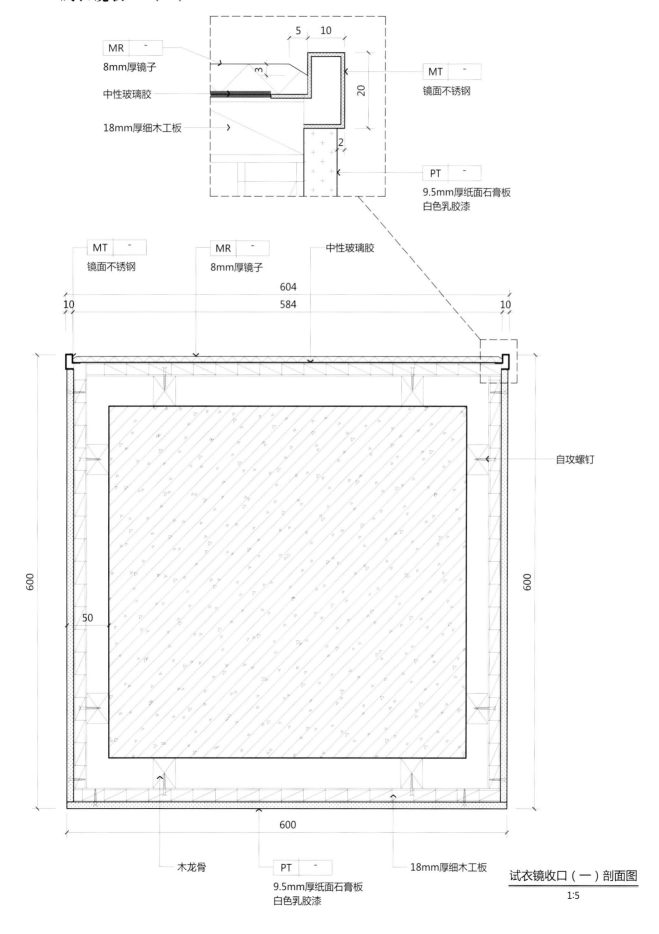

MR　-
8mm厚镜子

中性玻璃胶

18mm厚细木工板

5　10

3

20

2

MT　-
镜面不锈钢

PT　-
9.5mm厚纸面石膏板
白色乳胶漆

MT　-
镜面不锈钢

MR　-
8mm厚镜子

中性玻璃胶

604

10　　584　　10

600

600

50

600

自攻螺钉

木龙骨

PT　-
9.5mm厚纸面石膏板
白色乳胶漆

18mm厚细木工板

试衣镜收口（一）剖面图
1:5

试衣镜收口（二）

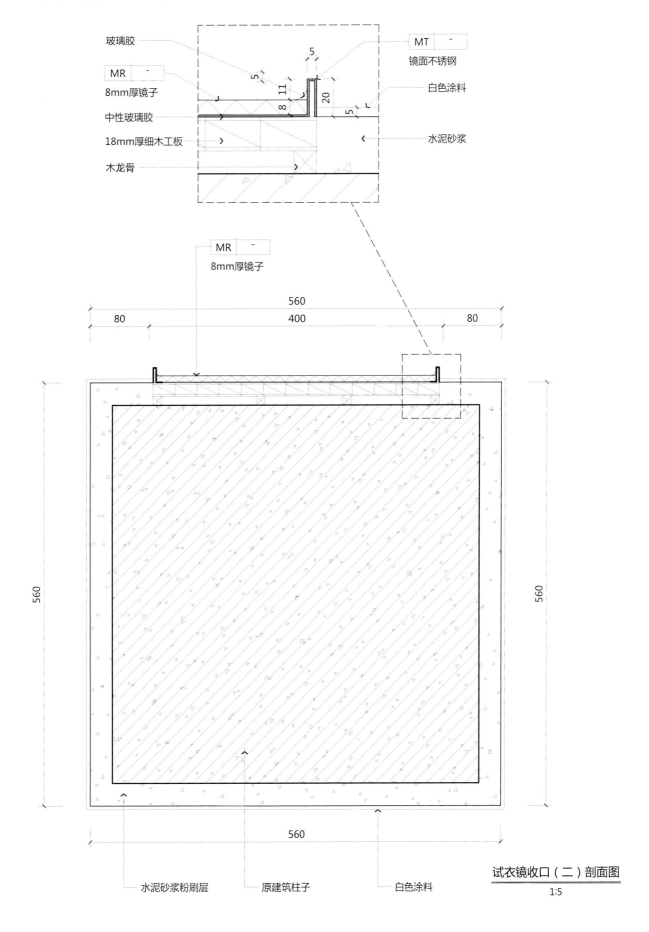

玻璃胶

MR —
8mm厚镜子

中性玻璃胶

18mm厚细木工板

木龙骨

MT —
镜面不锈钢

白色涂料

水泥砂浆

5

5

11

8

20

5

MR —
8mm厚镜子

560
80 400 80

560

560

560

水泥砂浆粉刷层   原建筑柱子   白色涂料

试衣镜收口（二）剖面图
1:5

试衣镜基层结构剖视图（一）

试衣镜基层结构剖视图（二）

解析 几乎所有的试衣镜做法都大同小异，即木工板做基层、不锈钢收边。不锈钢收边尺寸为变量，通常为常规尺寸。折边和收口工艺相同。设计师画图的时候，直接在原有墙体上出来 50mm 就可以，先确定最外边的装饰完成面，然后向里边反画结构。注意，图纸尺寸与实际施工尺寸是有差别的，多根柱子同样做法，只画一个剖面即可，但实际施工的时候，每根柱子基层施工尺寸会不同，40mm、50mm、70mm 尺寸都有，都是可以的。

阻燃夹板 黑石深化

试衣镜收口（三）

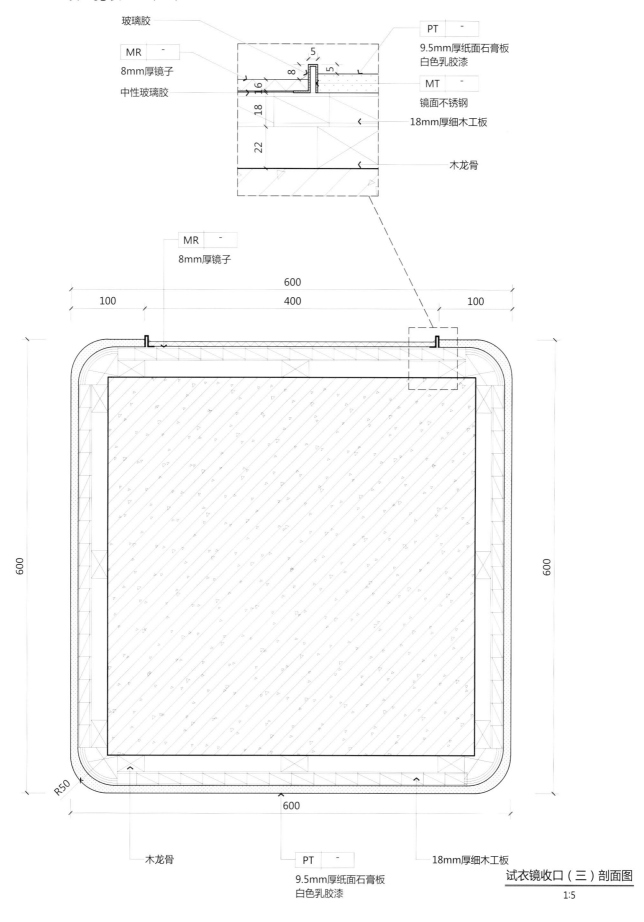

玻璃胶

MR　-

8mm厚镜子

中性玻璃胶

PT　-

9.5mm厚纸面石膏板
白色乳胶漆

MT　-

镜面不锈钢

18mm厚细木工板

木龙骨

5

8

16

18

22

MR　-

8mm厚镜子

600

100　　400　　100

600

600

R50

600

木龙骨

PT　-

9.5mm厚纸面石膏板
白色乳胶漆

18mm厚细木工板

试衣镜收口（三）剖面图

1:5

试衣镜收口大样剖视图

试衣镜实景照片

解析 如果镜子面积较大，应用厚度大些的玻璃，如 8mm。图中包柱阳角采用弧形施工方案，知识重点是弧形基层怎么做。有两种方法，一种是用 9mm 厚胶合板（俗称九厘板），内角开槽；还有一种方法是用三合板，3mm 厚的板材两层。不锈钢镶嵌处理方法为进入镜面 5mm，胶粘即可。

阳角收口剖视图

解析 墙砖之上镶嵌金属条的设计方案很多，尺寸没有严格规定，图中墙砖阳角不锈钢收口尺寸定为10mm，横向采用5mm。设计师在画施工图的时候，有金属条的位置都要出节点图，比例用1:1较好，看起来更直观。画平面布置图的时候，墙角的不锈钢收口细节也要画出来，平面图就是平剖，墙面有造型的地方都要剖出来，这才是规范的图纸表达方式。

▨ 瓷砖墙面阳角收口

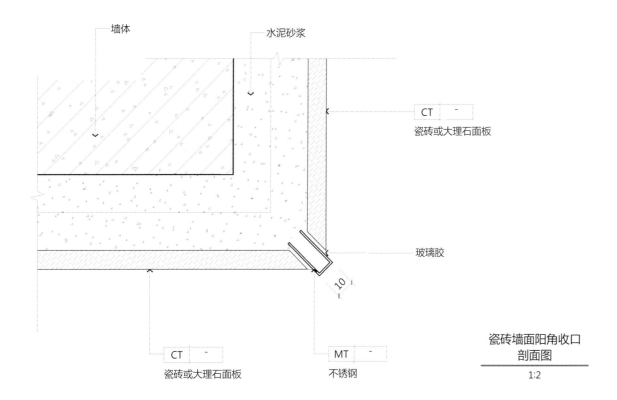

墙体

水泥砂浆

| CT | - |
瓷砖或大理石面板

玻璃胶

10

| CT | - |
瓷砖或大理石面板

| MT | - |
不锈钢

瓷砖墙面阳角收口
剖面图

1:2

阳角收口实景照片

阳角收口剖视图

烤漆玻璃固定示意图

实景照片

解析 图中墙面材料是白色烤漆玻璃，厚度为 10mm 或 12mm。玻璃阳角处理方法是粘 L 形不锈钢金属条。基层采用 18mm 厚细木工板，与玻璃之间用胶粘贴固定。工装项目，木基层都须刷防火涂料。

玻璃墙面阳角收口

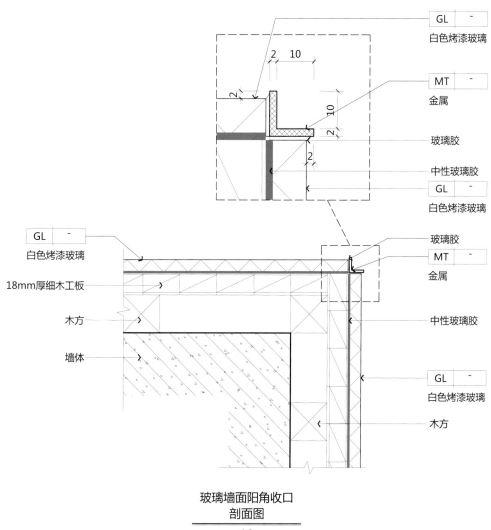

玻璃墙面阳角收口
剖面图

1:3

文化石墙面阳角对接剖视图

解析 文化石墙面阳角对接处理，特点是石材表面凹凸不平，较难处理。图中设计方案是用直角型金属条，施工方法是直接用结构胶粘贴。文化石或石材马赛克的固定方法是直接粘在墙面上，前提是墙面要做找平处理，尽可能地平整。墙砖与文化石或石材马赛克平面过渡，采用 L 形金属条，用结构胶直接粘贴。

▓ 文化石墙面阳角收口

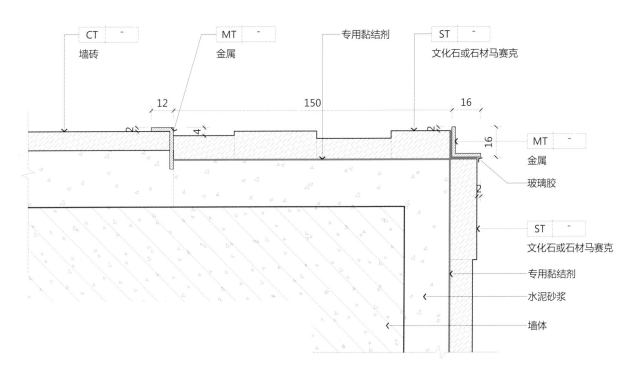

CT - 墙砖
MT - 金属
专用黏结剂
ST - 文化石或石材马赛克

12
150
16

2
4
2
16

MT - 金属
玻璃胶
2
ST - 文化石或石材马赛克
专用黏结剂
水泥砂浆
墙体

文化石墙面阳角收口
剖面图
1:2

文化石墙面阳角对接实景照片   文化石墙面阳角对接剖视图

文化石与瓷砖墙面阳角对接剖视图

解析 文化石（或石材马赛克）与瓷砖阳角对接比较难处理，因为文化石具有表面凹凸不平的特征。图中处理方案是镶嵌不锈钢方管。瓷砖是湿贴工艺，文化石用专业黏结剂粘贴，不锈钢方管用结构胶粘贴即可。

瓷砖与文化石墙面阳角收口

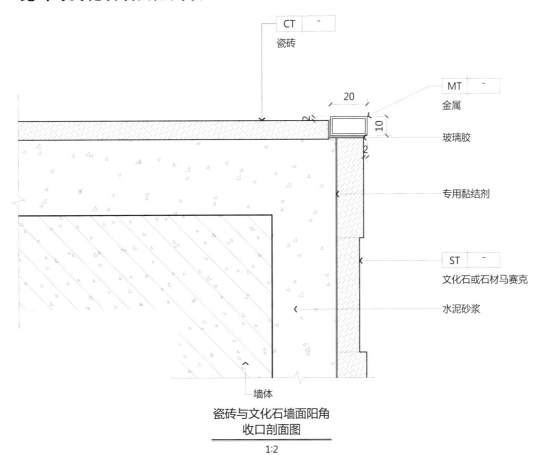

CT — 瓷砖

MT — 金属

20

10

玻璃胶

专用黏结剂

ST — 文化石或石材马赛克

水泥砂浆

墙体

瓷砖与文化石墙面阳角
收口剖面图

1:2

文化石、瓷砖、不锈钢对接剖视图

文化石、瓷砖、不锈钢对接实景照片

木饰面阳角收口剖视图

解析 木地板作墙面的做法很常见，图中知识点是墙角阳角的处理方法，采用成品定制 L 形黑色金属压条，直接胶粘。

▥ 木饰面墙面阳角金属条收口

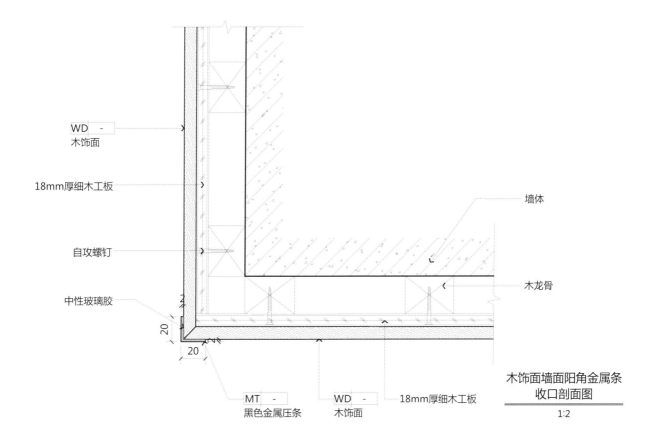

WD - 木饰面

18mm厚细木工板

自攻螺钉

中性玻璃胶

墙体

木龙骨

20

20

MT - 黑色金属压条

WD - 木饰面

18mm厚细木工板

木饰面墙面阳角金属条
收口剖面图

1:2

木饰面阳角金属条收口实景照片

木饰面阳角金属条收口剖视图

石材墙砖阳角收口剖视图

解析 石材墙砖阳角处理方法，是采用成品定制 L 形不锈钢压条，结构胶粘贴即可。

石材墙砖阳角金属条收口

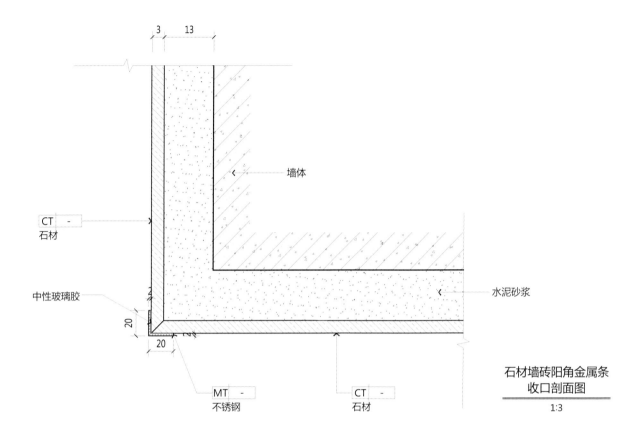

石材墙砖阳角金属条
收口剖面图

1:3

石材墙砖阳角金属条固定收口实景照片　　　　　　　　石材墙砖阳角金属条固定收口剖视图

不锈钢压条收口处理剖视图

解析 不同材料在同一平面收口比较难处理，需要对细节进行思考。图中是烤漆玻璃与水泥墙面衔接，其收口处理方法是镶嵌不锈钢压条，凸出墙面 3mm 或 5mm 即可。烤漆玻璃厚度采用 10mm、12mm 都可以，注意要保证基层平整。

▨ 玻璃与水泥墙面金属条收口

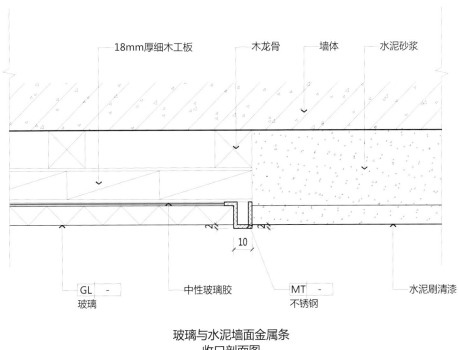

18mm厚细木工板　　木龙骨　墙体　　水泥砂浆

10

GL － 玻璃　　中性玻璃胶　　MT － 不锈钢　　水泥刷清漆

玻璃与水泥墙面金属条
收口剖面图

1:2

基层实景照片　　　　　　　　　　　基层剖视图

马赛克阴角收口剖视图

多种材料阴角、阳角收口

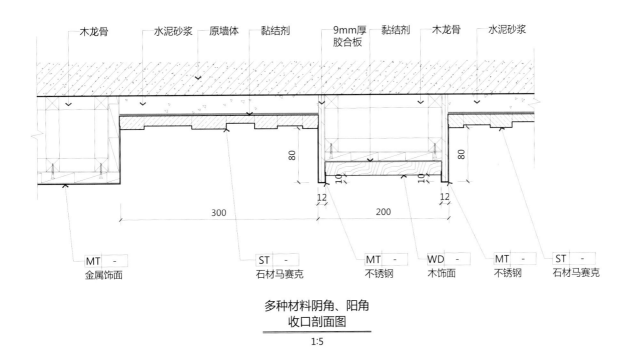

木龙骨　水泥砂浆　原墙体　黏结剂　　9mm厚胶合板　黏结剂　木龙骨　水泥砂浆

80　　80

10　　10

12　　12

300　　　　　　200

MT　-　金属饰面　　ST　-　石材马赛克　　MT　-　不锈钢　　WD　-　木饰面　　MT　-　不锈钢　　ST　-　石材马赛克

多种材料阴角、阳角
收口剖面图

1:5

基层透视图

基层剖视图

不锈钢阳角收口实景照片　　　　　　　　　不锈钢阳角收口剖视图

解析 图中有四种材料（金属饰面、石材马赛克、不锈钢条、木饰面）分别在阳角和阴角处收口。木作墙面阳角由不锈钢条收边，收边要凸出木作墙面 10mm，不能平收。马赛克施工方法是：基层做平整，直接用黏结剂粘贴即可。设计师画图前对线宽的使用要思路清晰，此剖面图中的线宽设置只需要三种线型：墙面 0.3mm 粗，石材与不锈钢线为 0.2mm 粗，其他为 0.05mm。

垭口剖视图

解析 卫生间垭口的处理方法有很多，图中为不锈钢，此外还可以用石材、墙砖等材料。其做法和门套的做法是一样的，结构基层做法也与门套一样，不同在于垭口不需要留门的位置。图中用的是黑色不锈钢饰面，结构是用木基层板，与不锈钢之间用胶粘。剖面图中320mm的宽度尺寸依据墙宽来定，是变量；其20mm收边可以视需要而定，尺寸控制在20~50mm比较合理。

▥ 金属垭口

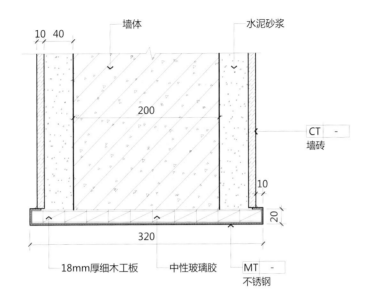

墙体   水泥砂浆

10 40

200

CT -
墙砖

10

20

320

18mm厚细木工板   中性玻璃胶   MT -
不锈钢

金属垭口剖面图

1:5

垭口实景照片

垭口剖视图

玻璃与墙面固定做法

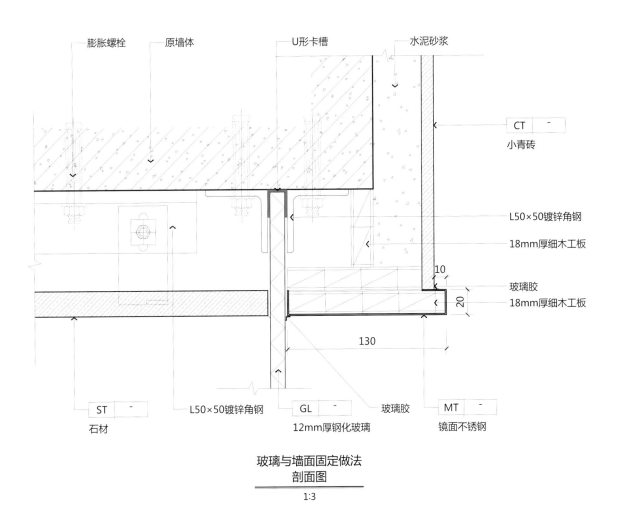

膨胀螺栓　　原墙体　　　U形卡槽　　　水泥砂浆

CT 　　-
小青砖

L50×50镀锌角钢

18mm厚细木工板

玻璃胶

18mm厚细木工板

10

20

130

ST 　　-
石材

L50×50镀锌角钢

GL 　　-
12mm厚钢化玻璃

玻璃胶

MT 　　-
镜面不锈钢

玻璃与墙面固定做法
剖面图
1:3

解析 图中石材、玻璃、墙砖阳角收口是一个比较复杂的结构，难点在于如何安全地固定玻璃。隔断玻璃可以定为10mm、12mm、15mm厚，其与墙面固定有很多方法，图中采用50mm角钢、膨胀螺栓、U形槽固定。不锈钢饰面需要木基层。墙面石材固定采用干挂，这样挂法的石材出墙面100mm即可。设计师在画立面图的时候，玻璃要注意分缝，宽度最好不要超过1 500mm，如超过这个尺寸则不便于运输和安装。

玻璃隔断与墙面固定剖视图   玻璃隔断与墙面固定实景照片

角钢、U 形槽、木基层结构示意图

踢脚线结构示意图

实景照片

▨ 内凹不锈钢踢脚线

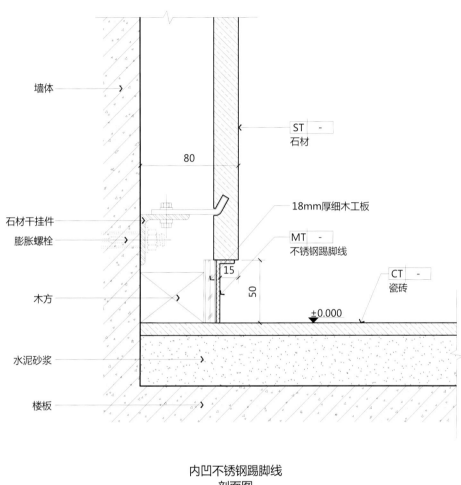

墙体

石材干挂件

膨胀螺栓

木方

水泥砂浆

楼板

ST - 石材

80

18mm厚细木工板

MT - 不锈钢踢脚线

15

50

CT - 瓷砖

±0.000

内凹不锈钢踢脚线
剖面图
1:3

解析 内凹不锈钢踢脚线设计方案在工装中比较常见。不锈钢需做木基层，与石材之间用云石胶固定即可。施工程序是先安装墙面石材，最后安装不锈钢踢脚线。

木基层结构图

解析 剖面图绘制的思考程序，首先是思考工艺做法、材料属性；画的第一根线条是最外边的完成线，之后向里边画尺寸；画出材料厚度后，再细化基层；细条画好后，开始设置比例；标尺寸、标材料，最后再检查一遍，则节点图完成。

▨ 木饰面墙面

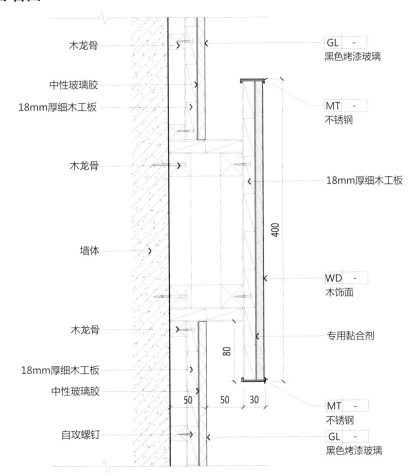

木龙骨

中性玻璃胶

18mm厚细木工板

木龙骨

墙体

木龙骨

18mm厚细木工板

中性玻璃胶

自攻螺钉

GL —
黑色烤漆玻璃

MT —
不锈钢

18mm厚细木工板

WD —
木饰面

专用黏合剂

MT —
不锈钢

GL —
黑色烤漆玻璃

400

80

50 50 30

木饰面墙面剖面图

1:5

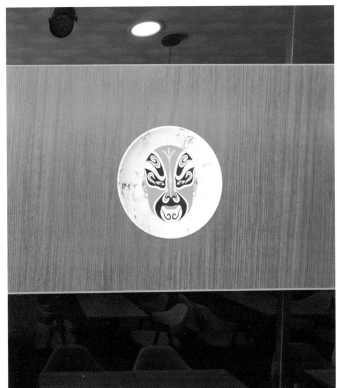

金属收边实景照片

金属收边剖视图

结构剖视图

解析 图中造型，其结构可用木结构也可用金属结构。石材马赛克安装是直接用胶粘在木基层上，最后安装金属板收边。

◎ 展柜灯带

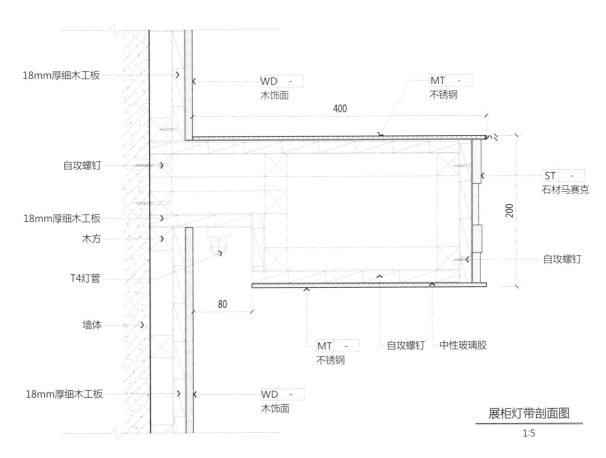

18mm厚细木工板

WD　-
木饰面

MT　-
不锈钢

400

自攻螺钉

ST　-
石材马赛克

200

18mm厚细木工板

木方

自攻螺钉

T4灯管

80

墙体

MT　-
不锈钢

自攻螺钉　　中性玻璃胶

18mm厚细木工板

WD　-
木饰面

展柜灯带剖面图

1:5

实景照片

实景照片

解析 石材墙面镶嵌亚克力灯片的设计方案在商业空间、办公空间中很常见。工艺做法：木工板做基层框架，内装 T4 灯管，最后安装亚克力片。灯片宽度通常设计为 50~200mm，厚度 8mm。

▨ 墙面灯带

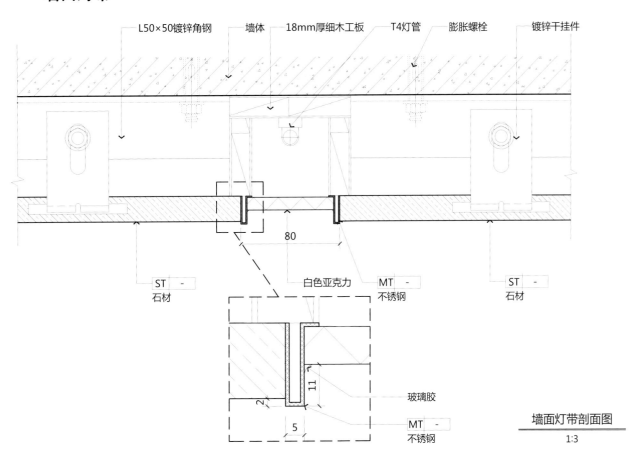

L50×50镀锌角钢　墙体　18mm厚细木工板　T4灯管　膨胀螺栓　镀锌干挂件

80

ST　-
石材

白色亚克力　MT　-
不锈钢

ST　-
石材

11

2

5

玻璃胶

MT　-
不锈钢

墙面灯带剖面图
1:3

亚克力灯光片结构示意图

局部剖视图

服务台灯带

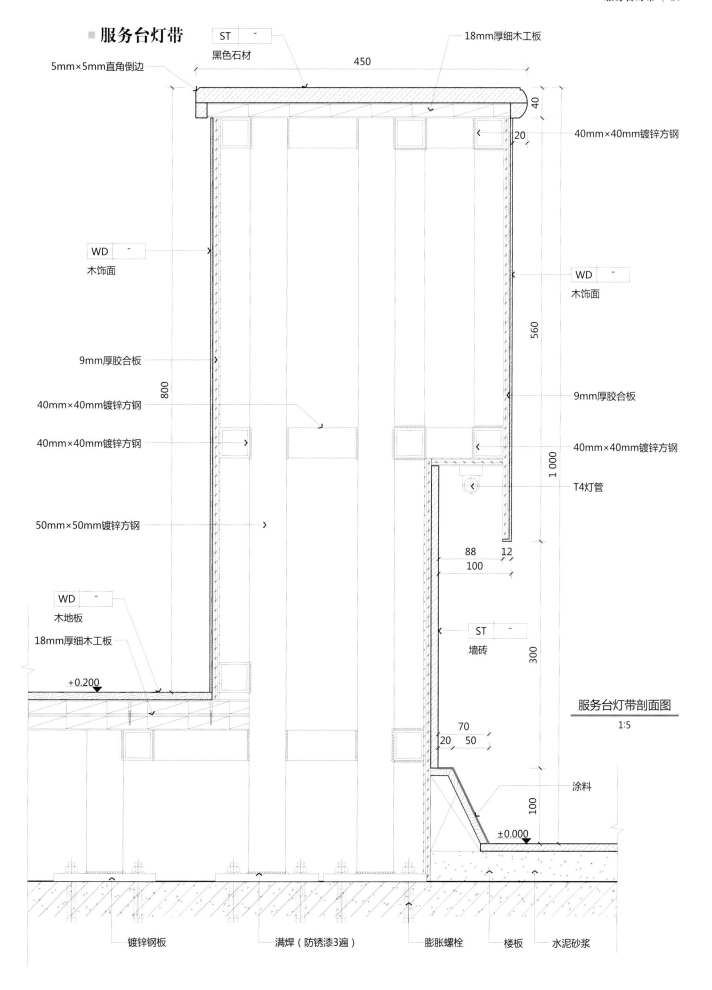

5mm×5mm直角倒边

ST — 黑色石材

18mm厚细木工板

450

40

20

40mm×40mm镀锌方钢

WD — 木饰面

WD — 木饰面

560

9mm厚胶合板

9mm厚胶合板

40mm×40mm镀锌方钢

40mm×40mm镀锌方钢

40mm×40mm镀锌方钢

1 000

T4灯管

800

50mm×50mm镀锌方钢

88 12
100

WD — 木地板

18mm厚细木工板

+0.200

ST — 墙砖

300

服务台灯带剖面图
1:5

70
20 50

涂料

100

±0.000

镀锌钢板   满焊（防锈漆3遍）   膨胀螺栓   楼板   水泥砂浆

整体剖视图

整体剖视图

实景照片

解析 图中为弧形服务台，基层要用9mm厚胶合板（俗称九厘板），因为只有九厘板才可以做出弧形。台子结构可以用木结构也可以用钢结构，图中选用的是镀锌方钢（方通）。具体钢结构的做法，图中只是示意，在保证安全的情况下，施工方可以自行焊接。

剖视图

▓ 踏步灯带

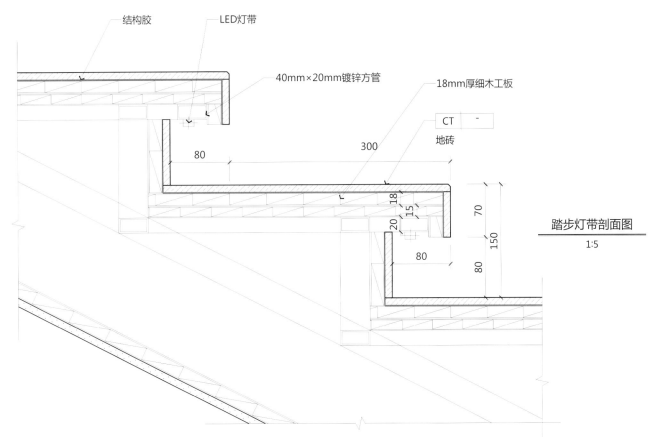

结构胶　LED灯带　40mm×20mm镀锌方管　18mm厚细木工板

| CT | - |

地砖

80　300　18　15　20　80　70　150　80

踏步灯带剖面图
1:5

实景照片

实景照片（一）

实景照片（二）

实景照片（三）

解析 地板与地板之间，地板与地砖、水泥地面之间都可以采用不锈钢条镶嵌的方式过渡。节点画法相同，施工做法也是一样的。T形不锈钢规格较多，尺寸没有严格要求。施工程序是先安装好地板，最后一步安装金属条。

▨ 地面金属条收边

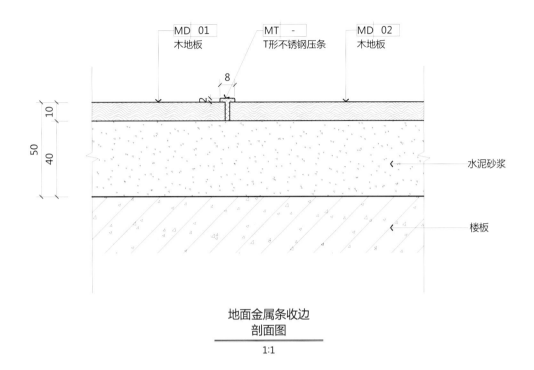

MD 01
木地板

MT -
T形不锈钢压条

MD 02
木地板

8

2

10

50

40

水泥砂浆

楼板

地面金属条收边
剖面图

1:1

T 形金属条示意图

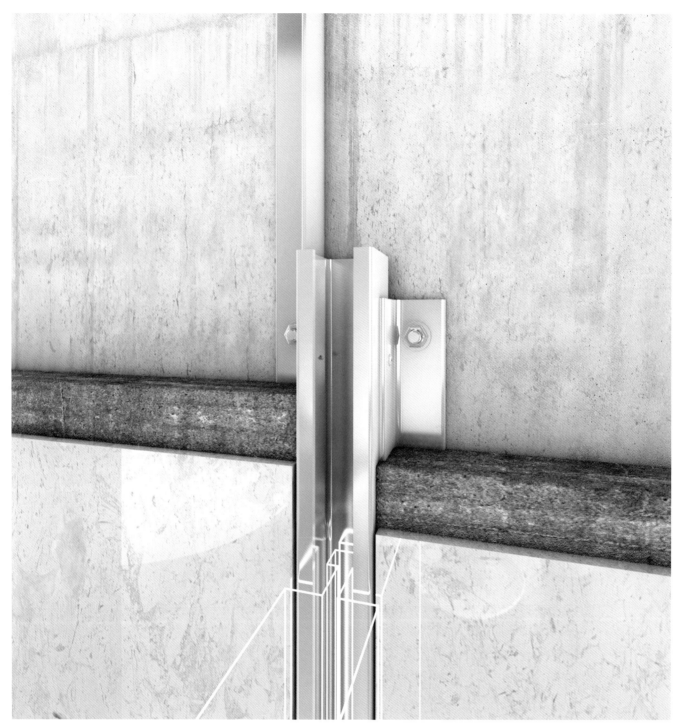

基层剖视图

解析 本例为湿贴石材墙面单轨道防火卷帘，其施工顺序为，先打角码，然后固定轨道，角码与轨道之间用螺钉连接，刷防锈漆，然后湿贴墙面砖。轨道尺寸有多种，剖面图中轨道宽度为参考尺寸。

▨ 单轨道防火卷帘－湿贴石材墙面节点

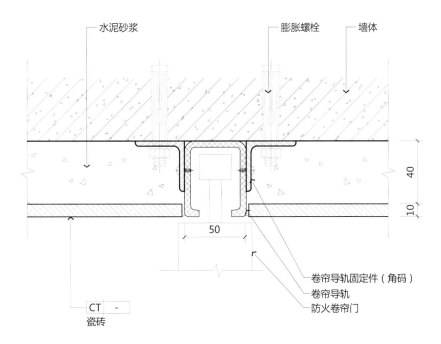

水泥砂浆　　　膨胀螺栓　　墙体

40

10

50

CT　-
瓷砖

卷帘导轨固定件（角码）
卷帘导轨
防火卷帘门

单轨道防火卷帘－湿贴
石材墙面节点剖面图
1:3

实景照片

基层剖视图

解析 本例为干挂石材墙面的单轨道防火卷帘，其完成面厚度尺寸要达到100mm，而轨道没有100mm的尺寸，因此需要延长角码，具体延长尺寸依据现场实际情况而定。

单轨道防火卷帘－干挂石材墙面节点

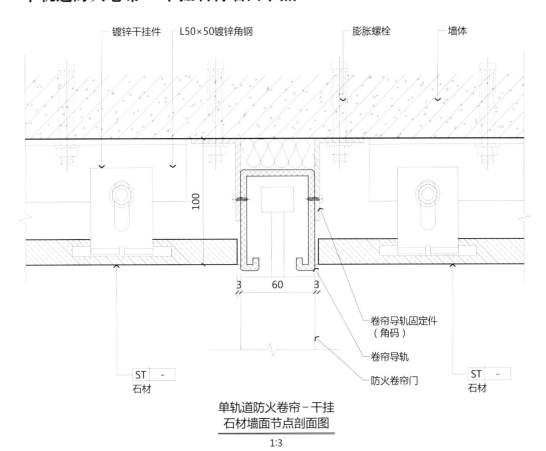

镀锌干挂件　　L50×50镀锌角钢　　　膨胀螺栓　　墙体

100

3　60　3

卷帘导轨固定件
（角码）

卷帘导轨

防火卷帘门

ST　-
石材

ST　-
石材

单轨道防火卷帘－干挂
石材墙面节点剖面图
1:3

实景照片　　　　　　　　　　　剖视图

整体剖视图

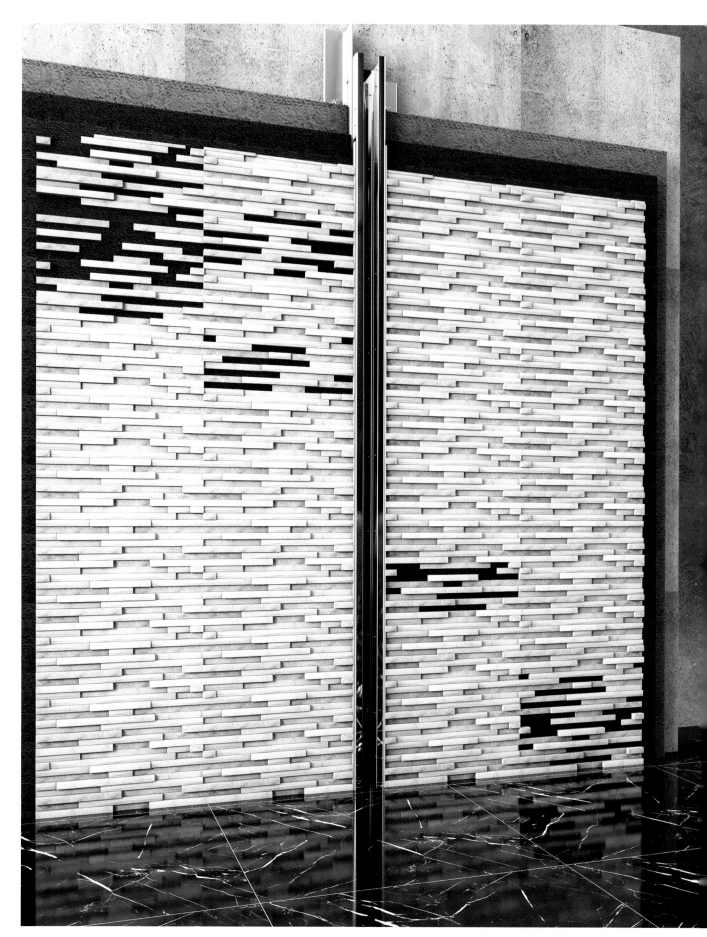

单轨道防火卷帘 – 文化石墙面节点

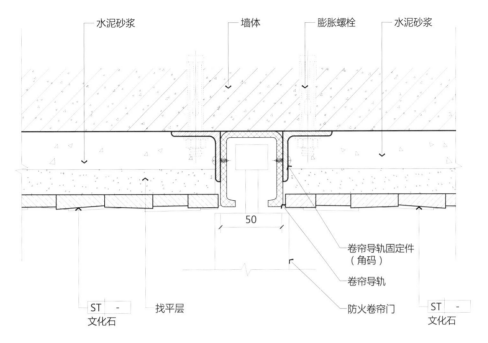

水泥砂浆　　墙体　　膨胀螺栓　　水泥砂浆

50

卷帘导轨固定件
（角码）

卷帘导轨

防火卷帘门

ST　－
文化石　　找平层

ST　－
文化石

单轨道防火卷帘 – 文化石
墙面节点剖面图

1:3

实景照片　　　　　　　　　　　　　　　　　局部剖视图

剖视图

解析 图中防火卷帘轨道左右分别为不同材料，通过卷帘门来过渡，以轨道凸出墙面的方式来收口，轨道凸出 5mm、打密封胶。

单轨道防火卷帘－不同材料墙面节点

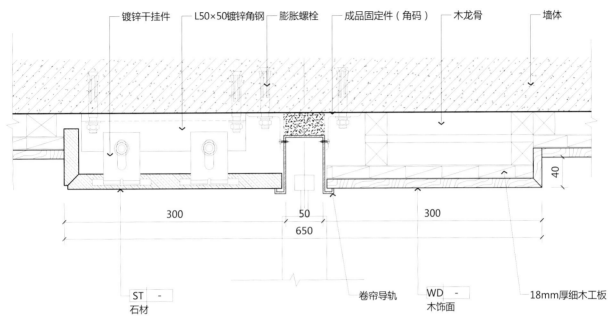

镀锌干挂件　　L50×50镀锌角钢　　膨胀螺栓　　成品固定件（角码）　　木龙骨　　墙体

40

300　　50　　300

650

ST　－
石材

卷帘导轨

WD　－
木饰面

18mm厚细木工板

单轨道防火卷帘－不同
材料墙面节点剖面图

1:5

实景照片

整体剖视图

局部剖视图

双轨道防火卷帘－石材墙面节点

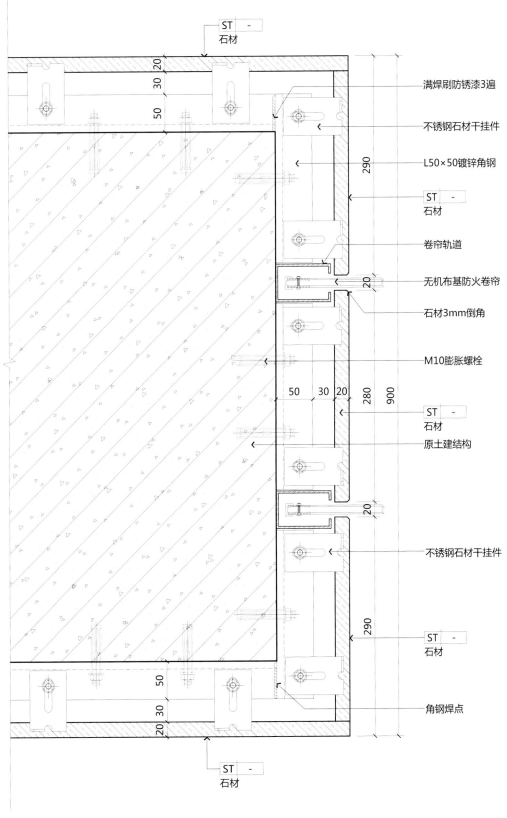

ST -
石材

满焊刷防锈漆3遍

不锈钢石材干挂件

L50×50镀锌角钢

ST -
石材

卷帘轨道

无机布基防火卷帘

石材3mm倒角

M10膨胀螺栓

ST -
石材

原土建结构

不锈钢石材干挂件

ST -
石材

角钢焊点

ST -
石材

双轨道防火卷帘－石材
墙面节点剖面图

1:5

整体剖视图

实景照片

解析 剖面图中节点线型的设置要求，分 3 种即可：墙面为最粗，石材剖切线为中粗，其他为细线，通过线型来表达重要层次。

实景照片

▨ 双轨道防火卷帘－砖墙面节点

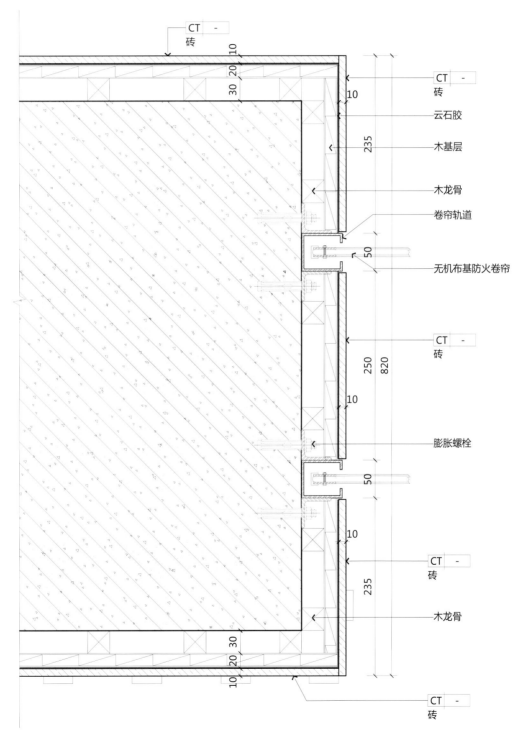

双轨道防火卷帘－砖墙
面节点剖面图

1:5

局部剖视图

整体剖视图

解析 双轨道防火卷帘节点与单轨道防火卷帘节点的施工做法基本相同。

▨ 双轨道防火卷帘－金属板墙面节点

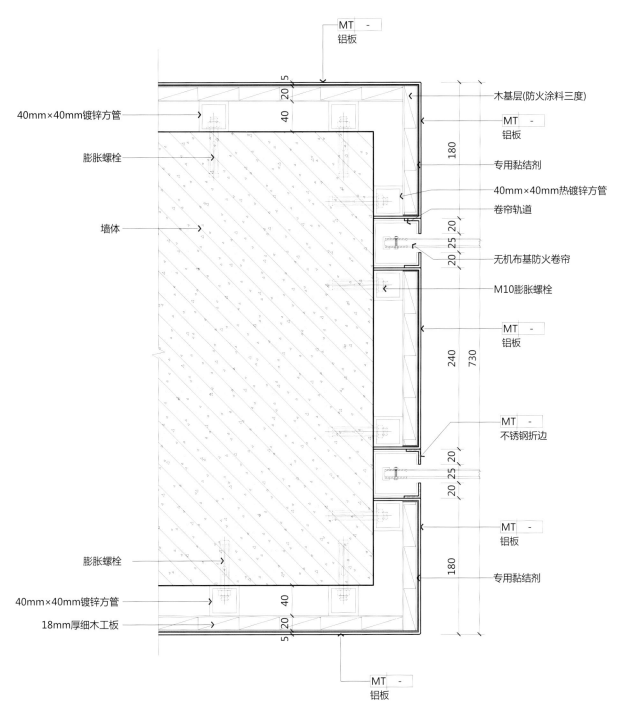

双轨道防火卷帘－金属
板墙面节点剖面图

1:5

局部剖视图

解析 铝板的基层做法多为干挂或木基层，本图为木基层。方通的安装工艺为用膨胀螺栓与柱体固定。木基层板与方通之间用自攻螺钉固定即可。

整体剖视图

局部剖视图

解析 烤漆玻璃厚度为 12mm，与木基层固定方式多为胶粘，玻璃高度不能超过 3 000mm。

防火卷帘－玻璃墙面节点

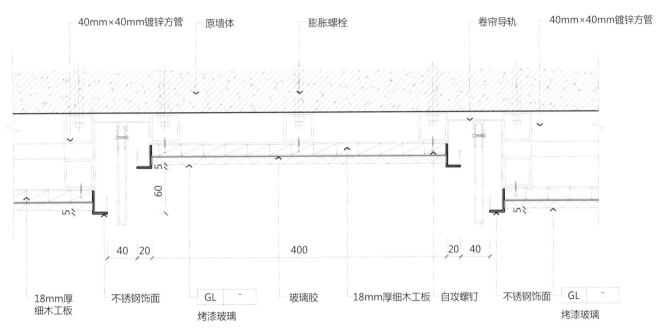

40mm×40mm镀锌方管   原墙体   膨胀螺栓   卷帘导轨   40mm×40mm镀锌方管

5   60   5   5

40   20   400   20   40

18mm厚细木工板   不锈钢饰面   GL — 烤漆玻璃   玻璃胶   18mm厚细木工板   自攻螺钉   不锈钢饰面   GL — 烤漆玻璃

**防火卷帘－玻璃墙面
节点剖面图**

1:5

整体剖视图

实景照片

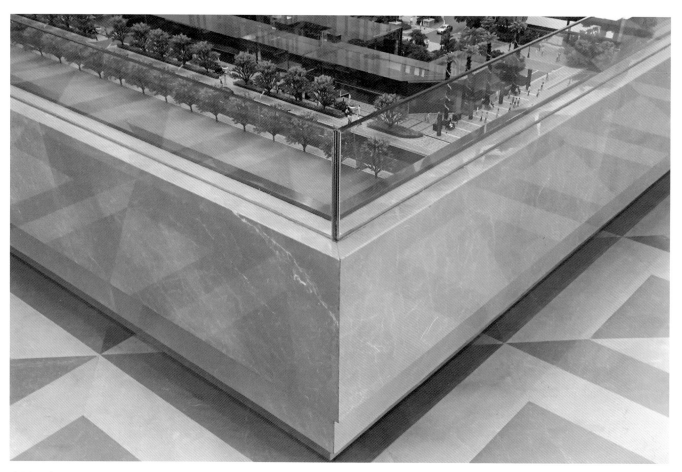

实景照片

局部剖视图（一）

沙盘做法（一）

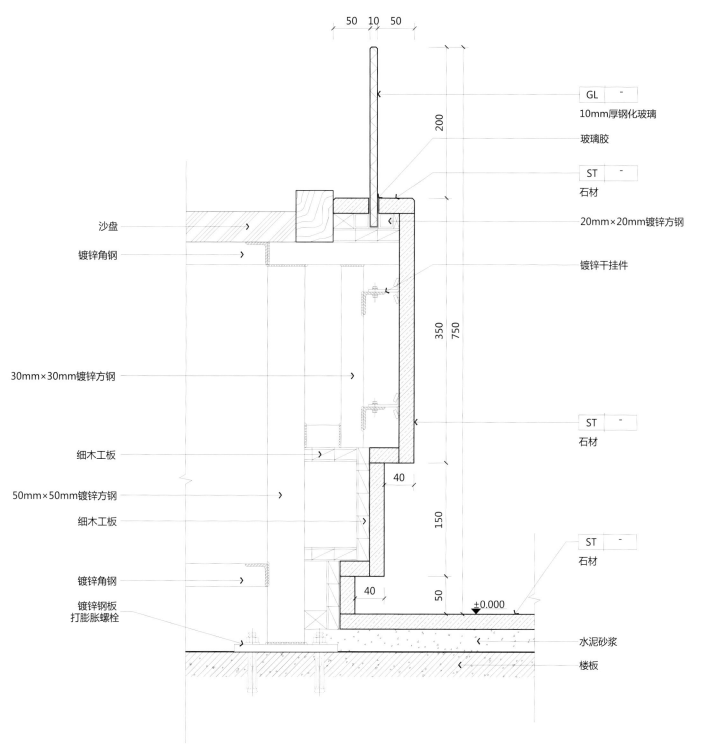

50 10 50

GL -
10mm厚钢化玻璃

玻璃胶

ST -
石材

20mm×20mm镀锌方钢

镀锌干挂件

ST -
石材

ST -
石材

水泥砂浆

楼板

沙盘

镀锌角钢

30mm×30mm镀锌方钢

细木工板

50mm×50mm镀锌方钢

细木工板

镀锌角钢

镀锌钢板
打膨胀螺栓

200

750 350

150

40

40

50

±0.000

沙盘做法（一）剖面图
1:5

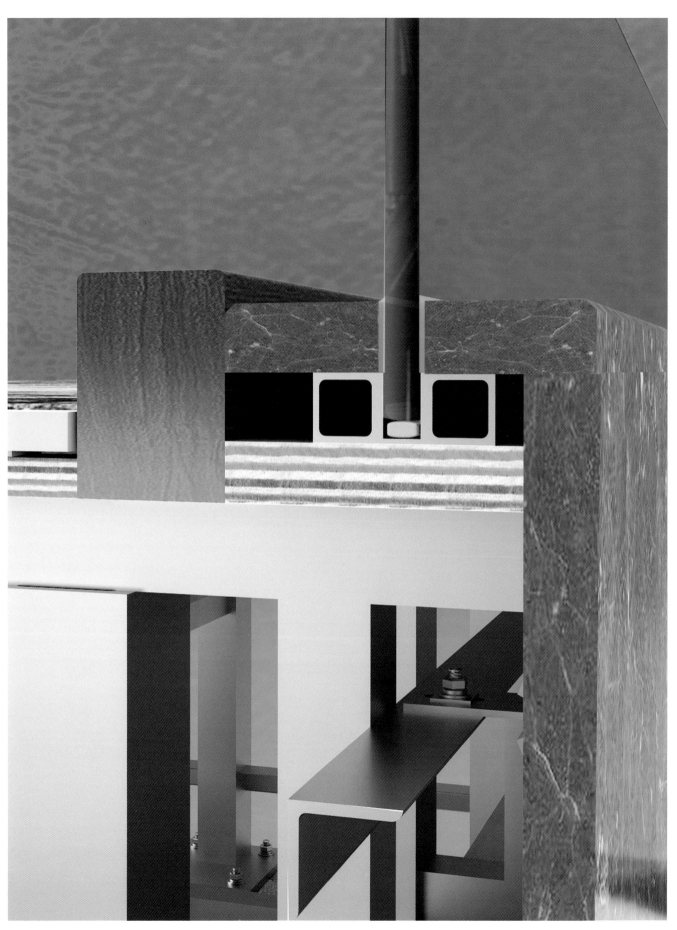

局部剖视图（二）

局部剖视图（三）

解析 本例知识重点为玻璃的固定方法，图中为 U 形槽左右用方通固定玻璃，安全可靠。整个沙盘采用钢结构做法，沙盘高度没有严格规定，依据模型大小而定。每个售楼处都有沙盘，每位设计师都应该掌握此类节点的做法。

实景照片

沙盘做法（二）

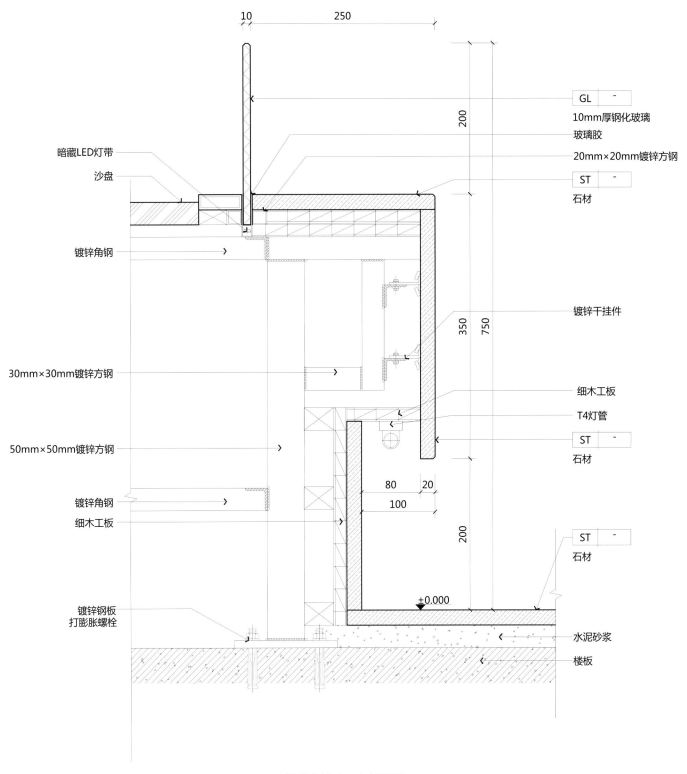

暗藏LED灯带

沙盘

镀锌角钢

30mm×30mm镀锌方钢

50mm×50mm镀锌方钢

镀锌角钢

细木工板

镀锌钢板
打膨胀螺栓

10

250

200

GL　-

10mm厚钢化玻璃

玻璃胶

20mm×20mm镀锌方钢

ST　-

石材

350

750

镀锌干挂件

细木工板

T4灯管

ST　-

石材

80

20

100

200

±0.000

ST　-

石材

水泥砂浆

楼板

沙盘做法（二）剖面图

1:5

局部剖视图（一）

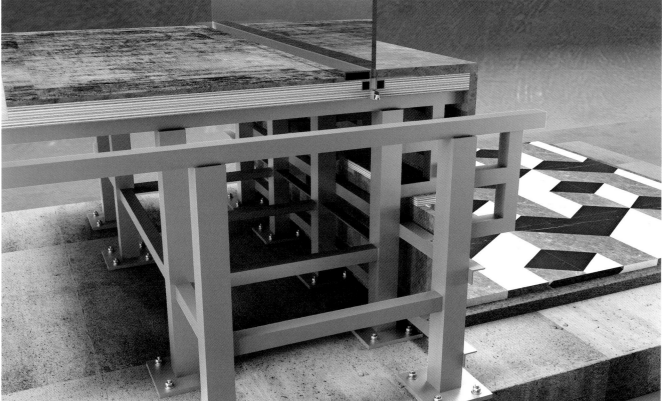

局部剖视图（二）

解析 本例知识重点为玻璃灯光效果，做法为玻璃底端安装成品 LED 灯带，镶嵌金属构件，石材与玻璃之间打密封胶，玻璃即可固定。

局部剖视图

▧ 玻璃栏杆固定做法

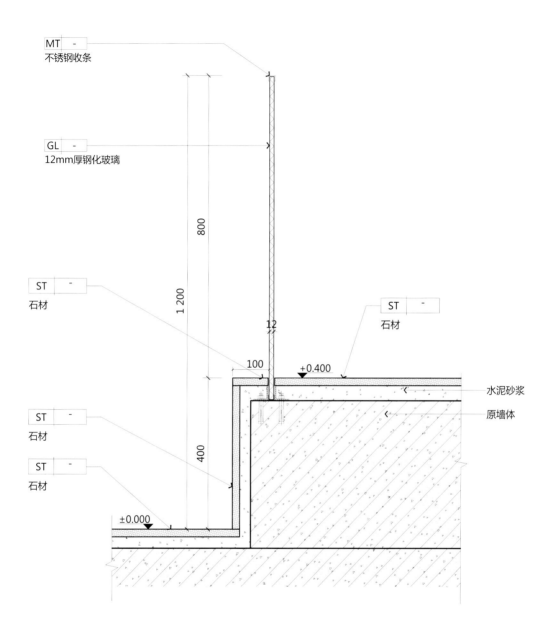

MT　-
不锈钢收条

GL　-
12mm厚钢化玻璃

ST　-
石材

ST　-
石材

ST　-
石材

ST　-
石材

水泥砂浆

原墙体

800

1 200

12

100

400

+0.400

±0.000

玻璃栏杆固定做法
剖面图
1:10

实景照片

局部剖视图

解析 玻璃栏杆的固定采用地面打补埋件，左右角钢，玻璃底端嵌 U 形槽的做法，最后打密封胶，安全可靠。玻璃的厚度可用 10mm、12mm、15mm、19mm，高度可设计为 600~1 100mm。

实景照片

上下楼层衔接处节点（一）

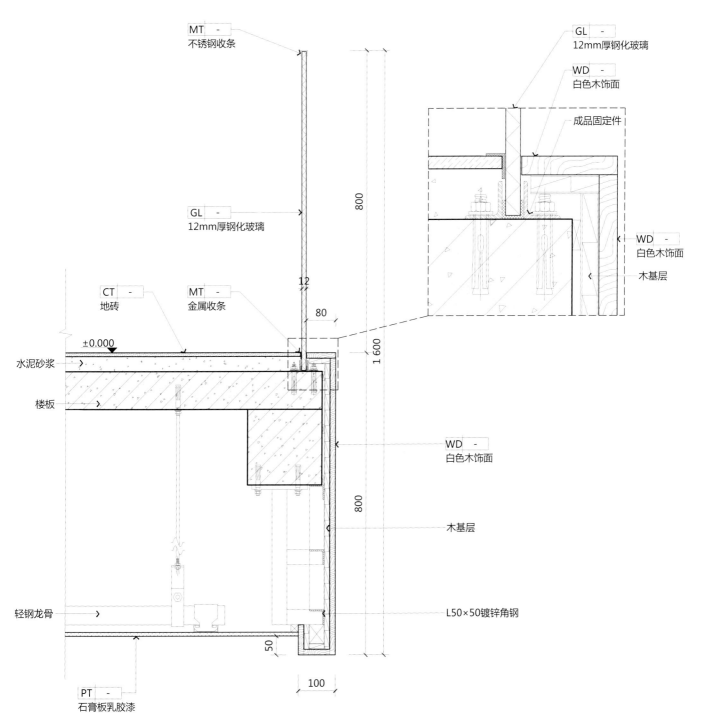

上下楼层衔接处节点
（一）剖面图
1:5

剖视图

剖视图

解析 本例为上下楼层共享处的节点做法，玻璃栏杆用金属结构固定，侧面可用木饰面或石膏板饰面，结构可以采用木结构或轻钢龙骨结构，与另一层棚面的过渡需要下落 50mm。

实景照片

上下楼层衔接处节点（二）

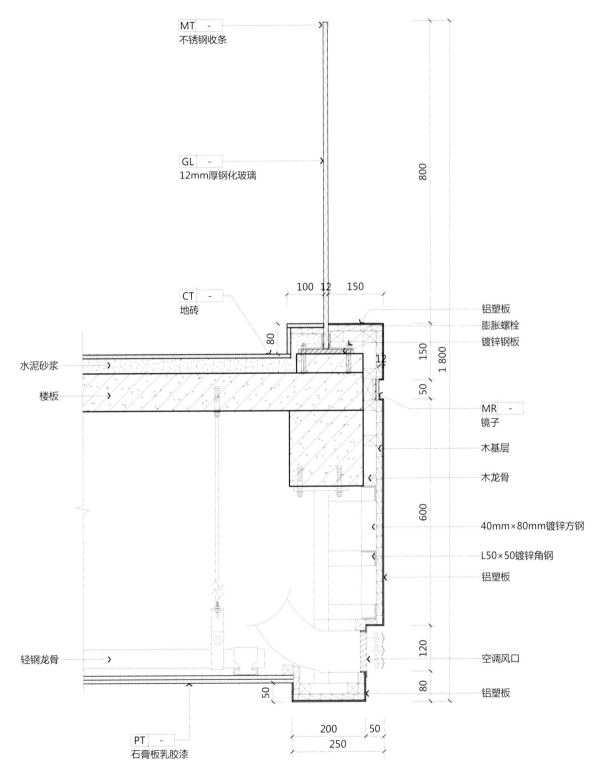

MT —
不锈钢收条

GL —
12mm厚钢化玻璃

CT —
地砖

水泥砂浆

楼板

轻钢龙骨

PT —
石膏板乳胶漆

铝塑板
膨胀螺栓
镀锌钢板

MR —
镜子

木基层

木龙骨

40mm×80mm镀锌方钢

L50×50镀锌角钢

铝塑板

空调风口

铝塑板

800

100 12 150

80

150 1800

50

12

600

120

80

200 50
250

50

**上下楼层衔接处节点
（二）剖面图**

1:10

解析 侧面风口是中央空调最常见的出风形式，风口尺寸通常为
80~250mm。很多商业空间的空调风口做得很长，并非全用作出
风口，而是为了满足造型需要。

局部剖视图（一）

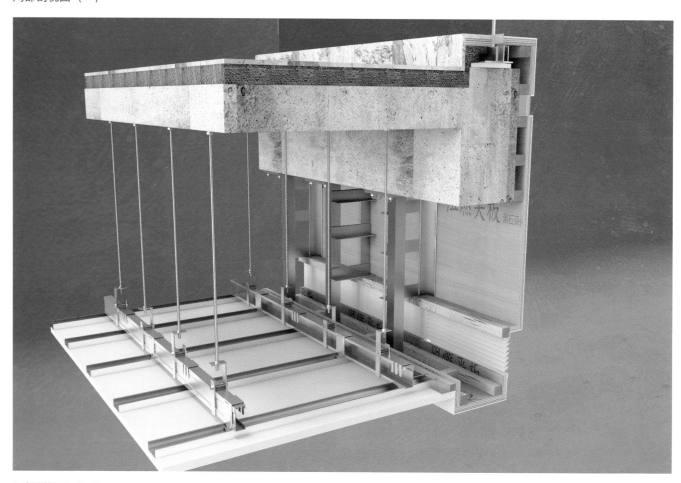

局部剖视图（二）

局部剖视图（三）